Bibliografische Information der Deutschen Nationalbibliothek:

Die Deutsche Bibliothek verzeichnet diese Publikation in der Deutschen Nationalbibliografie; detaillierte bibliografische Daten sind im Internet über http://dnb.d-nb.de/ abrufbar.

Impressum:

Druck und Bindung: Books on Demand GmbH, Norderstedt Germany
ISBN: 978-3-668-02202-7

Dieses Buch bei GRIN:

http://www.grin.com/de/e-book/303503/nepal-im-spiegel-seiner-geschichte-die-anfaenge-dynastien-und-die-zeit

Niels Preiser

Nepal im Spiegel seiner Geschichte. Die Anfänge, Dynastien und die Zeit ab 1950

GRIN Verlag

Johannes Gutenberg Universität Mainz
Geographisches Institut
Seminar: Regionalseminar Nepal

10.05.2001

Thema:

Nepal im Spiegel seiner Geschichte

I.) Die Anfänge:

Die Geschichte Nepals und seine historischen Vorgänge beschränken sich weitgehend auf das Kathmandutal. Gesicherte Kenntnisse und schriftliche Zeugnisse sind erst ab dem 5. Jh. n. Chr. bekannt. Alle vorherigen Erkenntnisse müssen aus den Mythen und Legenden des Landes abgeleitet bzw. geschlussfolgert werden.

„Still und friedvoll bedeckt ein tiefdunkler, türkisblauer See das Tal von Katmandu. Wegen seiner Tiefe nannte man ihn Kalhirhada, das schwarze Wasser, und in ihm lebten die mythischen Urschlangen. Vor zigtausenden Jahren war der erste Buddha ins Tal gekommen, hatte von dem Gipfel eines umliegenden Berges ein Pollenkorn ins Wasser geworfen und die Weissagung getroffen, dass an dieser Stelle einmal ein bedeutendes Heiligtum entstehen sollte. Auf dem See erblühte daraufhin eine wundervolle weiße Lotosblume mit diamantenen Blüten. Über ihr züngelte eine blaue Flamme und verströmte ein mythisches Licht. Es war die Manifestation des Adi Buddha, des Ur-Buddha, das Selbstgeborene. Von allen Seiten kamen die Pilger, um dieses wunderbare Schauspiel zu beobachten, sich am Seeufer niederzulassen und dort zu meditieren. Aus den tief verschneiten Bergen des Nordens kam nach 80.000 Jahren Manjusri, das Erleuchtungswesen, und wollte näher zu der geheiligten Flamme. Mit seinem flammenden Schwert schlug er eine tiefe Schlucht in den Bergrand, ein Durchbruch entstand und das Wasser des Sees floss aus dem Kathmandutal ab. Manjusri konnte den König der Schlangen jedoch dazu bewegen, im Tal zu bleiben und die Fruchtbarkeit zu sichern. Die geheiligte Lotosblume mit dem Licht des Adi Buddha konnte nun im Schlamm des Seegrundes Fuß fassen und Manjusri errichtete an ihrer Stelle einen heiligen Schrein. Der Stupa von Svayambhunath war entstanden und das Licht erstrahlte, bis das gottlose und sündige Zeitalter des Kaliyuga (in dem wir uns gerade befinden) anbrach. Dann erlosch das Licht. Zu Füßen des Stupas ließ Manjusri eine hölzerne Stadt errichten, die sich von Svayambhunath bis hin nach Pashupatinath erstreckte. Manjusri blieb in der hölzernen Stadt und machte seine Nachfahren zum König.[1] So vollzog sich die Entstehung des Stupas und die Gründung Kathmandus, zumindest wenn man den nepalischen Legenden Glauben schenken mag.

Aus der Luft gegriffen sind diese Legenden jedoch nicht, denn wie geologische Forschungen gezeigt haben, war das Tal von Kathmandu früher ein großer See.

Funde im Terai und im Kathmandutal deuten auf eine frühe, 30000 Jahre zurückreichende Besiedelung hin, gesicherte Erkenntnisse über die damaligen Bewohner liegen aber nicht vor.

[1] Chwaszcza 2000 Seite 63.

In der Bevölkerung ist die Erinnerung an verschiedene Dynastien wachgeblieben, von denen es keine schriftlichen Hinterlassenschaften gibt. Die erste dieser Dynastien waren die Gopalas (Kuhhirten). Sie hatten ihre Residenz in Matatirtha, einem heute noch sehr bedeutendem Heiligtum im Westen von Kirtipur.

Die erste Dynastie der Gopalas wurde aber schon bald, von den aus den Ebenen Nordindiens gekommenen Ahirs abgelößt. Die Kiratis wanderten im 7. Jh. v. Chr. aus dem Osten kommend, in das Tal von Kathmandu ein und verdrängten die Ahirs schon nach wenigen Generationen. Woher der Stamm der Kiratis ursprünglich stammte ist bis heute nicht eindeutig geklärt. Sie errichteten ihre Residenz in einer unzugänglichen Festung auf einem heute bewaldeten Bergrücken über dem Bagmati in der Nähe von Gokarna. Dort befindet sich heute eine Sommerresidenz des Königs. Das jenseits des Bagmati gelegene Shiva-Heiligtum von Gokarneshvara gilt noch immer als überaus heilig und geht sicherlich auf die Kiratis zurück.

Der erste König trug den Namen Yalambar, von insgesamt 28 Kirati-Königen weiß die Überlieferung zu berichten. Die Herrschaft der Kirati wird in die Zeit zwischen dem 7. Jahrhundert vor und dem 2. Jahrhundert nach Christus datiert. Ein wichtiges Ereignis ist die Geburt Gautamas, des Buddha, die auf 563 vor Christus und an einen Ort Lumbini gelegt wird.

Unter der Herrschaft der Kirati züchteten die Bewohner des Tals Schafe, trieben Handel mit Decken, Fellen und Teppichen. [2]

Unter dem siebtem Herrscher soll Gautama Buddha das Kathmandutal besucht und in Patan gelebt haben. Dort erhob er die Kaste der Schmiede zu Goldschmieden und verlieh ihnen seinen Namen, Shakya. Im 2. Jh. v. Chr. besuchte der große indische Kaiser Ashoka, ein frommer Buddhist, den Geburtsort von Buddha und ließ dort eine Gedenksäule errichten. Anschließend hat er das Kathmandutal besucht und in Patan ließ er die vier Ashoka-Stupas errichten.[3] Von anderen Historikern wird ihm die Errichtung der Stupas abgesprochen.[4]

Unter dem Angriff der Somavamshi Rajput, einem Rajputenstamm aus dem Westen, mussten die Kiratis ihre Festung in Gokarna aufgeben. Sie gründeten eine neue Residenz im Bereich des heutigen Patan. Als Kerngebiet dieser ersten Siedlung vermutet man die Region um den Khumbeshvara-Tempel in Patan.

[2] Vgl Wiesner 1989 Seite 11.
[3] Vgl Chwaszcza 2000 Seite 64.

[4] Vgl Donner 1972 Seite28.

Bald darauf übernahmen die Somavamshi Rajput gänzlich die Herrschaft im Kathmandutal und gründeten die Residenz bei Godavari. Auf sie geht die Gründung des Heiligtums von Pashupatinath zurück. Ursprünglich soll diese Dynastie aus Pashupura (dem heutigen Patna) in Indien gekommen sein. Der Name des Heiligtums erinnert also an seine Erbauer und an deren ehemalige Hauptstadt.
Der letzte Kirati Herrscher zog sich nach Manjkirant, dem ursprünglichen Sitz des Stammes im Osten von Nepal zurück. Die meisten Kirati sind im Kathmandutal geblieben und bilden eine der untersten Kastengruppen..

II.) Die Licchavis:

Auf der berühmten Steinsäule des Königs Manadeva vor dem Tempel von Changu Narayan wird zum ersten Mal schriftlich die Dynastie der Licchiavi erwähnt. Diese Steinsäule gilt als älteste zeitgenössische Quelle in Nepal. Auf ihr wird u.a. von den Eroberungszügen dieses Königs berichtet, die eine bedeutende Ausweitung seines Herrschaftsbereiches entlang den Flüssen weit über die Grenzen des Tales zur Folge hatte. Die Religion dieser Herrscher war der Vishnuismus, eine Form des Hinduismus. Überall im Kathmandutal wurden Heiligtümer zu Ehren des Gottes errichtet. Einige herausragende Kunstdenkmäler stammen aus dieser Zeit. Die Darstellungen Visnhus in Changu Narayan gehören mit zu den bedeutendsten und schönsten Arbeiten des gesamten Tals.
Die Licchavis verband ein enges Band mit der Dynastie der Guptas, die in Indien regierten. Es war ein außerordentlich enger kultureller und womöglich auch politischer Kontakt mit Indien vorhanden. Die offizielle Sprache war Sanskrit, die Sprache in der königliche Dokumente in Stein eingraviert wurden. Das verwunderliche an dieser Sprache ist, daß sie auch die Guptas in Indien verwendeten. Es gab auch umlaufendes Geld. Dabei ist jedoch bemerkenswert, dass nicht so sehr die Münzen der Guptas imitiert wurden, sondern die der in Indien vorangegangenen Dynastie der Kushanas, deren Münzen noch in Nepal verwendet wurden.
Die wichtigste Komponente der damaligen Wirtschaft war der Handel. Der Bau einer Straße von Indien durch das Kathmandutal nach Tibet spielte wirtschaftlich die entscheidende Rolle. Die neu eröffnete Straße machte das Kathmandutal zu einem überaus wichtigen Umschlagplatz zwischen Indien und Tibet und bewirkte einen großen Reichtum, der zu einer ausgesprochenen städtischen Kultur führte. Daneben war die Landwirtschaft zweitranig. Allerdings wurde auch schon damals damit begonnen, über Kanäle ein Bewässerungssystem

innerhalb des Kathmandutals aufzubauen. Damit konnten weite Gebiete, unabhängig vom Regen, mit Wasser versorgt werden.

Die klare Verknüpfung Nepals mit der Geschichte Indiens zeigt sich auf einer Steinsäule in Allahabad, die den König von Nepal als tributpflichtig an Kaiser Gupta ausweist. Dies ist das frühste Dokument in dem der Name Nepal erwähnt wird. Die Suzeränität Indiens in Nepal wird noch einmal deutlich, als der Kaiser Indiens Nepal 607 besetzt und einen Statthalter zurücklässt. Hiermit endet temporär die Herrschaft Indiens und der erste große Name Nepals erscheint Amsuvarman.[5]

III.) Die Thakuri:

Die Licchiavifürsten wurden von den alteingesessenen Gopala zunehmend unter Druck gesetzt. Es kam zu einer Einschränkung der königlichen Macht durch übermächtige Adelige. Einem dieser Adeligen gelang es seinen König Shivadeva weitgehend zu entmachten und selbst die Geschicke des Landes zu leiten. Er war ein Thakuri, ein „hoher Herr" und sein Name war Amsuvarman.

Mit König Amsuvarman , der 620 zur Macht kam, befreite sich Nepal von allen Abhängigkeiten und durchlebte Zeiten neuer Blüte. Er war den Künsten und der Wissenschaft zugetan, ließ die erste Sanskritgrammatik des Landes schreiben und führte ein eigenes Münzsystem ein. Spannungen mit Tibet begegnete er durch die Heirat seiner Tochter mit dem Gründer des großtibetischen Reiches, Srong Tsang-Gampo. Sie brachte die Bettelschale des Buddha nach Tibet. Der König von Tibet nahm eine zweite Frau, die chinesische Prinzessin Wenig und beide bekehrten ihn zum Buddhismus. Ihre Verdienste um die Ausbreitung der Lehre Buddhas, dankten ihnen die Mahayana-Buddhisten indem sie beide als weiße und grüne Tara in das göttliche Pantheon des Mahayana-Buddhismus aufnahmen.

Seine zweite Tochter vergab er an einen indischen Fürsten um auch mit diesem Nachbarn in Einklang leben zu können.

Diese Zeit, die als Lichhavi Periode in die Geschichte Nepals eingegangen ist, wird als das goldene Zeitalter des frühen Nepals bezeichnet. Mit friedlicher Koexistenz von Buddhismus und Hinduismus, guten Kontakten zu den Nachbarn, kultureller Blüte im Inneren und dörflicher Selbstverwaltung. Das Panchayat-System soll hier seine Wurzeln haben.[6]

Nach 750 endet der reiche Inschriften Bestand abrupt und setzt erst 250 Jahre später wieder ein. Damit fehlt weitgehend jegliche historische Information über diese Epoche. Es muss dies

[5] Vgl Donner 1972 Seite 29.
[6] Vgl Aubert 2000 Seite 37f.

eine Zeit starker innerer Erschütterung gewesen sein. Vielleicht wurden durch die inneren Kämpfe, zwischen den verschiedenen Thakuri Familien, sämtliche Inschriften zerstört um die andere Familie gänzlich aus der Geschichte zu verbannen. Die hoch entwickelte städtische Kultur unter den Licchavis dürfte weitgehend zerstört worden sein, wahrscheinlich in der zweiten Hälfte des 8. Jahrhunderts.

Im 9. Jahrhundert erfolgte eine Reihe von städtischen Neugründungen. Auch Kantipur (Kathmandu), so der alte Name von Kathmandu, wurde in dieser Zeit gegründet. Über das genaue Gründungsdatum ist man sich uneins. Manche Historiker sprechen vom Jahr 732 andere schwanken zwischen dem 10. Jahrhundert und dem 12. Jahrhundert.

Im Jahre 879 wurde eine neue Zeitrechnung eingeführt, die bis heute Gültigkeit behalten hat. Es ist dies der Nepal Sambat, dieser ersetzte den bis dato gültigen indischen Kalender.

Über die Vorgänge in dieser Zeit sind sich die Historiker vollständig uneins, ob Nepal in dieser Zeit unabhängig war oder der Oberherrschaft Tibets oder Bengalens unterstand.

Lokale Traditionen berichten von einer Vielzahl von Einfällen, von neuen Bevölkerungsgruppen, die ins Land kamen, und von einer Fülle an neuen Gottheiten und Kulturen. Tatsächlich hat diese Zeit das heutige Bild Nepals entscheidend geprägt und hat gleichzeitig einen tiefen Bruch mit der Vergangenheit des Landes mit sich gebracht.

Der Einfall der islamischen Eroberer auf dem Indischen Subkontinent brachte auch für Nepal eine entscheidende Wende. Der König von Karnataka, Harishimadeva, musste sein Land verlassen und fand in Bhaktapur politisches Exil. Er brachte Anhänger einer tantrischen Glaubensrichtung mit sich und diese führten den bis dahin unbekannten Kult der Schutzgöttin Taleju ein. An seinem Hof versammelten sich Gelehrte und Künstler, die auch aus Indien fliehen mussten, somit wurde der Grundstein für ein erneute Blüte und ein neues Königreich im Kathmandutal gelegt. Ob Harishimadeva wieder zurück nach Karnatak ging oder im Tal blieb ist unklar. Aber er legte den Grundstein für das nächste Kapitel in der Geschichte Nepals, die Zeit der Malla.[7]

[7] Vgl Donner 1972 Seite 29f.

IV.) Die frühe Malla Zeit:

Eine neue wesentlich besser dokumentierte Periode der nepalischen Geschichte begann, als Arideva, der Thakuri-König von Bhaktapur, den Titel „Malla“ annahm (wahrscheinlich im Jahr 1200). Die Bedeutung des Namens „Ringer“ gibt wenig Aufschluß auf ihre Ursprünge, nur Anlass zu vagen Spekulationen. Vielleicht haben sie alle Konkurrenten niedergerungen und nannten sich deshalb Malla, da sie nun uneingeschränkt an der Macht waren. Malla war damals die höfische Bezeichnung für Indiens Könige.

Unter den ersten Malla-Königen konnte sich die verworrene Situation im Kathmandutal noch nicht grundlegend beruhigen. Die Kahsa griffen das Tal wiederholt an, ohne jedoch Fuß fassen zu können. 1349 drangen Moslems aus Bengalen ein und legten in einer kurzen Welle der Zerstörung und Gewalt hinduistische und buddhistische Heiligtümer in Schutt und Asche. Trotz all dieser Wirren blühte der Handel im Kathmandutal. In jene Zeit fällt die Gründung vieler kleiner Orte im Tal.

Erst mit Jayasthiti Malla (1354-1395) kamen die permanenten Kämpfe im Kathmandutal zum erliegen. Er war mit der Prinzessin von Bhaktapur verheiratet. Von hier gelang es ihm, dass gesamte Tal unter seine Herrschaft zu bringen. Dies wurde im Jahr 1382 vollendet. Jayasthiti Malla war ein strenggläubiger Hinu an dessen Hof sich viele Hinduistische Gelehrte sammelten, die aus Indien geflohen waren. Mit eiserner Konsequenz betrieb er mit ihrer Unterstützung die Hinduisierung der weitgehend buddhistischen Talbevölkerung und führte ein Kastensystem ein. Die bestehende Kastenordnung wurde zum ersten Mal formuliert und ausgeweitet. Es wurden 64 Kasten geschaffen, denen genaue Verhaltensregeln auferlegt wurden. Diese Ordnung regelte das gesamte tägliche Leben, vom tragen von Kleidern bis hin zum Bau der Häuser.

Die wichtigsten staatlichen Ämter wurden mit hinduistischen Würdenträgern besetzt. Somit wurde die gesellschaftliche Situation im Tal grundlegend verändert. Bis zu diesem Zeitpunkt lebten die verschiedenen Gruppierungen in einer offenen Gesellschaft nebeneinander, so dass neue Bevölkerungsgruppen ohne weiteres aufgenommen werden konnten. Mit dem neuen System war dies allerdings nicht mehr möglich. Jetzt war das Tal durch eine geschlossene, gegliederte Gesellschaft bestimmt, die sich nach einem Kastengesetz definierte. Für neue Bevölkerungsgruppen waren also nur noch Randplätze vorhanden. Es wurde der Grundstein für eine Kultur- und Gesellschaftsordnung gelegt, die sich stark von den Strukturen in den Nachbarländern von Nepal unterscheidet und deren Auswirkungen bis heute sichtbar sind.[8]

[8] Chwaszcza 2000 Seite 69.

Der Verdienst von Jayasthiti Malla war es das Land zu vereinigen. Seine Nachfolger dehnten das Herrschaftsgebiet nach allen Seiten aus. Das Einflussgebiet wurde im Norden bis zur tibetischen Grenze, im Osten bis nach Sikkim, im Süden in die fruchtbare Gangesebene und im Westen bis zum Gandaki Tal, einem weiteren wichtigen Handelsweg nach Tibet, ausgedehnt. Auf dem Sterbebett teilte Yaksha Malla sein Reich auf seine drei Söhne auf, mit der Anweisung es gemeinsam zu regieren.

V.) Die Zeit der drei Stadtkönigreiche:

Nach dem Tode ihres Vaters teilten sich die Brüder die Macht. Doch die Regentschaft verlief nicht in friedlichen Bahnen. Der ehrgeizige Ratna Malla eignete sich das autonome Kantipur gewaltsam an und schuf sich einen eigenen kleinen Stadtstaat. Er vergiftete die 12 Ältesten und Weisen bei einem Gastmahl und verleibte sich die Stadt ein. Er rechtfertigte diesen Schritt mit einer göttlichen Eingebung durch Taleju, die ihm im Traum das geheime Mantra der königlichen Legitimation verraten und den Weg nach Kantipur gewiesen habe.

In Patan war man nicht angetan von der jahrzehntelangen Bevormundung durch Kantipur und erklärte sich daraufhin unabhängig.

Bhaktapur hingegen verblieb als dritte Königsstadt in der Hand von Raya Malla.

Die Geschichte ist durch einen zermürbenden Kleinkrieg der drei Stadtkönigreich gekennzeichnet. Die sich, in immer wechselnden Konstellationen miteinander verbündeten und gegen das Dritte zu Felde zogen. Dabei muss aber festgehalten werden, dass die drei selbständigen Königreiche sich trotz ihrer kriegerischen Auseinandersetzungen sehr wohl als Einheit verstanden, so dass etwa zu bedeutenden Feiern immer alle Könige anwesend waren. Auch wurde ein neuer König einer Stadt immer von einem Bruderkönig eingesetzt.

Während es im politischen Bereich zu einer Zersplitterung und zu einem permanenten Kleinkrieg dreier außenpolitisch völlig belanglosen Stadtreiche kam, brachte es für die kulturelle Entwicklung Nepals die entscheidende Wende. Politisch hat diese „Gewaltenteilung“ zwar zum Untergang des Malla-Reiches geführt, kulturell aber lassen sich die fast drei Jahrhunderte als das „Goldene Zeitalter“ bezeichnen. Die Bauten und Kunstwerke, die wir heute in den drei Orten bewundern, gehen fast ausschließlich auf diese Zeit zurück, in der sich die Herrscher mit ihren Prachtbauten gegenseitig übertrumpfen wollten.

Das Kathmandutal geriet zwar unter den Einfluss der indischen Moguln, blieb aber von einer Invasion verschont, was wahrscheinlich nur mit hohen Tributzahlungen erreicht werden konnte.

Die Stadtkönigtümer übten wirtschaftlichen und politischen Druck auf Tibet aus und profitierten von den Warenströmen, die in den drei Städten zusammenliefen. Man errang sogar das Münzrecht für das benachbarte Tibet. Doch sie verwendeten statt des gelieferten Goldes und Silbers andere Legierungen, was zu einem Konflikt mit Tibet führte. Dieser gipfelte während der Sha-Zeit in einem Krieg.
Während die Herrscher der drei Stadtkönigreiche ihre Städte weiter ausbauten, formierten sich im Bezirk von Gorkha indische Zuwanderer zu einer schlagkräftigen Truppe. Die Shah strebten nach der Herrschaft.[9]

VI.) Die Dynastie der Shah:

Ein Nachfahre eines auf der Flucht vor den Muslims nach Norden abgewanderten Rajputen Fürsten siedelte sich nördlich Palpa in Nepal an. Zu jener Zeit waren praktisch alle heute bekannten Gebirgsdistrikte kleine Königreiche, die sich mehr oder weniger feindlich gegenüberstanden. 1559 wurde ein Nachfahre des oben genannten König von Gorkha. Sein Name war Drabya Shah. Er und seine Nachfolger dehnten ihr Herrschaftsgebiet durch Annektion der benachbarten Staaten nicht nur aus, sondern konsolidierten die Macht auch durch weise Reformen und Entwicklungsmaßnahmen. Der endgültige Aufstieg der Shah Dynastie erfolgte unter Prithvi Narayan Shah. Dieser eroberte das Kathmandutal 1768 und rief sich selbst zum König von Nepal aus.
Als Prithvi Narayan Shah 1743 Herrscher über Gorkha wurde, hatte die Rivalität zwischen den Malla Königen ihren Höhepunkt erreicht. Doch Gorkha war noch nicht stark genug für eine Invasion im Kathmandutal. Er nahm zunächst das nordwestlich von Kathmandu gelegene Nuwakot ein, um von hier aus 20 Jahre einen unerbittlichen Zermürbungskrieg zu führen. 1764 gelang ihm eine vollständige Blockade, mit der er das Tal aushungerte, während der Handel mit Tibet gleichzeitig Gorkhas Taschen füllte. Selbst 2400 Soldaten der Britischen Ostindienkompanie waren nicht in der Lage die Königsstädte im Kathmandutal zu retten. 1768 wurde Kathmandu und Patan eingenommen und im folgenden Jahr ergab sich auch Bhaktapur.
Der heutige Staat Nepal ist also erst in der zweiten Hälfte des 18. Jahrhunderts entstanden. Zuvor existierten etwa 80 kleine und kleinste Königreiche.[10]
1788 und 1791 marschierte Nepal nach Tibet ein, plünderte einige Klöster und forderte Tribut. Im Rahmen des Gegenangriffes, der von China unterstützt wurde, drangen tibetische

[9] Vgl Wiesner 1989 Seite13f.
[10] Vgl Krämer 1991 Seite 92f.

Truppen bis nach Nuwakot vor, und um des Friedens willen musste Nepal harte Bedingungen akzeptieren. Es unterzeichnete einen Nichtangriffspakt und musste Tributzahlungen an Tibet entrichten, die bis 1912 auch bezahlt wurden.

Nepals weitere Abenteuer im Westen führten zu wachsenden Auseinandersetzungen mit der britischen Ostindienkompanie, die inzwischen Indien kontrollierte. Offene Feindseligkeiten brachen aus, als Nepal 1814 den Sektor Butwal im Terai annektierte. Den Briten diente der Konflikt als willkommener Anlass, das ihnen verschlossene Nepal zu öffnen, um in den Handel mit Tibet eintreten zu können. Der Konflikt dauerte zwei Jahre, viel länger als es die Engländer erwartet hatten. Dennoch gingen sie als Sieger dieses Krieges hervor. Der Vertrag von Segauli zwang Nepal, seine heutige Ost- und Westgrenze zu akzeptieren und große Teile des Terai abzutreten. Außerdem musste es einen ständigen britischen Residenten in Kathmandu zulassen.

Die Briten waren von den Gorkhakriegern so begeistert, dass sie sie für ihre eigene Armee anwarben. Diese Kompanie bildeten die Grundlage für die berühmten Gurkha-Regimenter. England gab die Gebiete im Terai später aus Dank für die Hilfe nepalesischer Gurkhas bei der Niederwerfung der Indischen Rebellion im Jahre 1857 zurück.[11]

Bereits vor Beginn des Krieges gegen die Briten war die Macht den Shah-Herrschern entglitten, sie waren nur noch Marionetten auf dem Thron. Die Politik jener Tage lag in den Händen des Premieministers, dem es jedoch nicht gelang die Verwaltung den neuen Erfordernissen anzupassen. Ein Dorn im Auge der Bevölkerung waren die Landschenkungen des Königs an einflussreiche Politiker. Anders als beim Jagir-Land, das an verdiente Soldaten als Pension verteilt wurde, handelte es sich hier um Pfründe der Reichen und Mächtigen.

Am 14.September 1846 gab es auf dem Kot Platz am Durbar Square ein Massaker bei dem 32 Gegner von Jung Bahadur Rana von dessen Leibgarde umgebracht wurden.

Noch am selben Tag ernannte ihn die Königin zum Premierminister. Die Unterzeichnung der Urkunde durch den schwachen König war nur noch Formsache.

[11] Vgl Chwaszcza 2000 Seite 74f.

VII.) Die Dynastie der Rana:

Die mächtige Königin schickte Jung Bahadur Rana nach nur sechs Monaten ins Exil und ernannte einen ihm völlig ergebenen neuen König Surendra Bikram Shah (1847-1881).Die Ranafamilie hatte plötzlich alle Fäden in der Hand, sollte nun 104 Jahre die Macht in Händen halten und das Amt des Premierministers in Erbfolge für sich beanspruchen. Um die Machtstellung der Rana zu festigen wurde festgelegt, dass das Königspaar aus einem Shah-König und einer Rana-Königin bestehen sollte.

Kaum hatte er seine Stellung in Nepal gefestigt, brach er zu einer Europareise (1850) auf. Von dort brachte er eine Vorliebe für klassizistische Bauten und modernes aufgeklärtes Gedankengut mit. Er Verbot die bis dato praktizierte Witwenverbrennung, schränkte den meist willkürlichen Vollzug der Todesstrafe ein und organisierte die alte Feudalstruktur neu. In seine Amtszeit fielen auch zwei Auseinandersetzungen. Nepal verlor wieder einmal einen Krieg mit seinem nördlichen Nachbarn Tibet, und im indisch Sepoy Aufstand stellte sich Jung Bahadur Rana mit Gorkha Soldaten auf die Seite der Briten, die man ihm mit der Rückgabe von Teraigebieten dankte.[12]

Die Nachfolger setzten seine Politik fort, indem sie die Sklaverei abschafften und das System der Zwangsarbeit reformierten. Auf der einen Seite waren diese Herrscher sehr modern, jedoch hielten sie an dem mittelalterlichen Feudalsystem fest. Nepal blieb bis 1950 für Europa völlig unerforscht, lediglich im Terai durften Privilegierte auf Großwildjagd gehen, aber das Kathmandutal durfte nicht betreten werden.[13]

Große Landschenkungen an Günstlinge und Familienmitglieder sorgten für sozialen Sprengstoff. Die protzigen Schlösser der Rana standen im krassen Gegensatz zu den ärmlichen Bauten in der Hauptstadt. Der Singha Durbar war die größte Privatresidenz in ganz Asien, ausgestattet mit modernem europäischem Komfort, der mit Trägern von Indien ins Land gebracht wurde. Straßen oder neue Verkehrswege wurden jedoch nicht angelegt. In ganz Asien expandierte die Landwirtschaft, nur in Nepal nicht. Der Tibethandel, einst die Grundlage für den Reichtum im Kathmandutal, war fast nicht mehr vorhanden. Die beiden Weltkriege gingen auch an Nepal nicht spurlos vorbei, denn es stellte 200000 Mann für die britische Armee. Zwischen den Weltkriegen und in den Kriegsjahren verloren die Rana Minister an politischem Einfluss. Es bildete sich ein Machtvakuum. 1947 konstituierte sich der Nepali National Congress, die erste ständische Interessenvertretung des Volkes. Der nur

---

[12] Vgl. Aubert 2000 Seite 44f.

[13] Vgl. Aubert 2000 Seite 45.

pro forma regierende König gewann zunehmend an Macht und wurde zu einer Leitfigur der nepalischen Opposition. Unter Hausarrest gestellt, gelang ihm bei einem Jagdausflug die Flucht nach Indien. Die Rana-Oligarchie setzte daraufhin einen neuen König ein und es kam zu Gefechten zwischen den Oppositionellen und Regierungstruppen in der Hauptstadt. Im Terai war der Unabhängigkeitsgedanke am stärksten ausgeprägt und es wurde eine provisorische Regierung eingesetzt. Erschwerend kam hinzu, dass China 1950 Tibet besetzte und Indien in dieser Annektion eine Gefahr für sich sah. So zwang Jawaharlal Nehru den nepalesischen Premierminister Mohan Shamsher (1948-1951) mit dem Versprechen, die Herrschaft der Rana-Familie nicht zu gefährden, zu erheblichen Zugeständnissen. Indien beansprucht das Recht Nepal, im Notfall, als Verteidigungslinie gegen China zu nutzen und der Regierung die Steuersätze für importierte Waren vorzuschreiben.

Die Rana mussten jedoch bald einsehen, dass sie keine Chance gegen den legitimen Herrscher haben, da dieser auch noch von Jawaharlal Nehru unterstützt wird. So konnte Tribhuvan am 15.Februar 1951 im Triumph nach Nepal zurückkehren und eine Interimsregierung berufen.[14]

VIII.) Die Zeit ab 1950:

Die politische Macht sollte fortan im Himalayastaat auf drei Fundamenten ruhen: dem König, der gewählten Regierung und dem Volke. Doch in den vier Jahren in denen Tribhuvan regierte, konnte er weder seine Macht konsolidieren, noch rief er zu den versprochenen Wahlen auf. Dies zeigt, dass es zwar ein Ende der Rana Herrschaft gab, nicht jedoch das des Rana-Einflusses.

Als Tribhuvan 1955 starb, übernahm sein Sohn Mahendra daraufhin die Regierungsgeschäfte. Er löste das Parlament auf, entließ die Regierung und verhaftete viele der führenden und ihm unliebsamen Politiker des Landes unter dem Vorwand der Korruption (1960). Sein putschähnliches Vorgehen begründet er mit der politischen Instabilität des Landes, das nach Hunderten von Jahren der feudalistischen Oligarchie in den wenigen Jahren nach Einführung demokratischer Verhältnisse bereits zehn Parlamentsregierungen hatte kommen und gehen sehen. Bereits kurz nach dem königlichen Coup hatte der König ein Komitee gebildet, welches politische Institutionen in anderen Ländern untersuchen und deren Anwendbarkeit in Nepal feststellen sollte.

Als gemeinsame Klammer für die ethnische Vielfalt der Einwohner von Nepal wurde deshalb in die Verfassung von 1962 der Religion besondere Bedeutung beigemessen.

---

[14]Vgl Donner 1972 Seite34f.

Es kam zu einem erneuten Erstarken des Panchayat. Dieser „Rat der Fünf" ist ein gemeinsames Erbe Indiens und Nepals aus der alten Hindupolitik. Traditionell bedeutet sie die Selbstverwaltung eines Dorfes durch ein Komitee von fünf Repräsentanten der Dorfgemeinschaft. Der Panchayat, der heute nicht mehr unbedingt aus fünf Personen bestehen muss, stellt wesentliche Bestandteile des indischen lokalen Selbstverwaltungssystems dar. Da die nepalische Verfassung der Verwaltung ein Netzwerk von Räten auf Dorf- bzw. Stadt- , Distrikte- , Zonen- und Nationalebene zugrunde legte, wird sie auch als Panchayat-Verfassung bezeichnet. Als institutionelle Neuerung rein nepalischen Ursprungs brachte die neue Verfassung dann noch einen Staatsrat und die Durchführung sogenannter Tour-Commissions durch den Monarchen.

In der Verfassung wird Nepal ein unabhängiges, unteilbares und souveränes monarchische Hindu-Königreich. In Artikel 2 definiert die nepalische Nation, als das nepalische Volk, welches sich durch gemeinsames Streben auszeichnet und das durch das gemeinsame Band der Untertanentreue gegenüber der Krone geeint ist, unabhängig von Religion, Kaste oder Stamm. Hier erfolgte die Verknüpfung und Identifizierung des nepalischen Volkes mit der Staatsform des Hindu-Königreiches. Als einigender Machtfaktor für Nepal wird die Monarchie bezeichnet.[15]

In Art. 20 wurde zunächst genau festgelegt, wer König von Nepal sein durfte. Der König musste demnach ein Nachkomme König Prithvinarayan Shahs, des Begründers des modernen Nepal, und somit ein Angehöriger der Shah Familie sein. Ferner musste er ein Anhänger der arischen Kultur und der Hindu-Religion sein. Es wurde also sichergestellt, dass der nepalische König als Verkörperung des Staatsideals nicht von dem rechtmäßigen Pfad der Hindu-Orthodoxie abwich und die hinduistische Dominanz im Staat und Gesellschaft gesichert blieb. Die Souveränität Nepals ruht in Seiner Majestät und alle Macht – exekutiv, legislativ und judikativ – geht von ihm aus. Ein Königtum kann nicht klarer definiert werden.[16]

Durch zahlreiche Verordnungen wurde in den folgenden Jahren das Panchayat-System den sich ändernden Erfordernissen anzupassen. 1972 wurde sogar durch einen Volksentscheid darüber abgestimmt. Überraschend stimmten 55% für die alte Ordnung. Durch den knappen Wahlausgang verschärfte sich die Situation in Nepal und der König wurde zu Veränderungen gezwungen, wenn er noch länger seine Macht waren wollte. Allmählich zeichnete sich eine Art Parteienbildung innerhalb des Panchayat ab. 1985 war es noch möglich 7000 Mitglieder von Parteien ins Gefängnis zu werfen, weil diese die Abschaffung des Königtums forderten. Die seit 1960 verbotene Partei der Nepali Congress kündigte für Februar 1990 eine

[15] Vgl Krämer 1991 Seite 92ff.
[16] Vgl Krämer 1991 Seite 129f.

Massendemonstration zur Abschaffung des Panchayat Systems an. Selbst bis nach Nepal haben sich die Ereignisse der friedlichen Revolution in Ost-Europa herumgesprochen und man war nicht länger gewillt auf diese mögliche Freiheit zu verzichten.
Der König musste sich schließlich dem Volksdruck beugen und verkündete am 8. April die Einführung des Mehrparteiensystems. Mit einer neuen Verfassung wurde die Staatsform zu einer konstitutionellen Monarchie umgewandelt, somit konnten im Mai 1991 erstmals freie Wahlen in Nepal stattfinden.[17]
Aus den von Unruhen begleiteten Wahlen von 1994 gingen die Kommunisten als Sieger hervor. Seither ist die politische Situation in Nepal sehr verworren und es traten starke Machtkämpfe auf. Im Mai 1999 ging aus Neuwahlen die Nepali Congress Partei mit absoluter Mehrheit als Sieger hervor. Damit sind die politischen Verhältnisse erstmals seit Wiedereinrichtung der Demokratie konzentrierter, vielleicht ja auch stabiler als zuvor. Es bleibt zu hoffen, dass die Regierung in der Lage ist, die schon lange vorhandenen politischen Spannungen zu entschärfen und das Vertrauen des Volkes zurückzugewinnen.

[17] Vgl Krämer 1991 Seite 196f.

Literaturverzeichnis:

Aubert, Hans-Joachim: Richtig Reisen Nepal; Bramsche 2000.

Chwaszcza, Joachim: Nepal; Bremen 2000.

Donner, Wolf: Nepal Raum Mensch Wirtschaft; Wiesbaden 1972.

Krämer, Karl-Heinz: Nepal, der lange Weg zur Demokratie; Frankfurt 1991.

Reed, David: Nepal; Berlin 2000.

Wiesner, Ulrich: Nepal Königreich im Himalaya Geschichte Kunst und Kultur; Bramsche 1989.